U0585124

# 邑园盆景艺术

成都三邑园艺绿化工程有限责任公司

胡世勋　主编

中 国 林 业 出 版 社

**图书在版编目（CIP）数据**

邑园盆景艺术／胡世勋主编．—北京：中国林业出版社，2005.8
ISBN 7-5038-4046-3

Ⅰ.邑...　Ⅱ.胡...　Ⅲ.盆景－观赏园艺－画册　Ⅳ.S688.1-64

中国版本图书馆CIP数据核字（2005）第092240号

## 《邑园盆景艺术》编委会

**顾　问：吴　敏**

**主　编：胡世勋**

**参　编：陈义全　顾才玉　马永洪　鄢久长　胡婉芳**
**胡开强　周树成　杨　勇　蔡佑安**

出版：中国林业出版社（邮编：100009　北京西城区刘海胡同7号）
E-mail：cfphz@public.bta.net.cn　电话：66162880
网址：www.cfph.com.cn
发行：中国林业出版社
制版：北京瑞彩天和彩印制版技术有限公司
印刷：北京华联印刷有限公司
版次：2005年8月第1版
印次：2005年8月第1次
开本：215mm × 280mm
印张：8
字数：190千字　彩色照片：约160幅
印数：1～4 000册
定价：180.00元

# 主编简介

胡世勋，1943年生，四川成都人，高级园艺技师。现任中国盆景艺术家协会常务理事、四川省盆景艺术家协会常务理事、成都盆景艺术家协会副会长、成都三邑园艺绿化工程有限责任公司总经理。

因自幼喜爱盆景艺术，数十年潜心致力于盆景艺术创作和研究，具有丰富的企业管理，规划设计、园林绿化、古建施工经验，花木栽培管理技术成熟，在盆景制作方面造诣深厚。善于研究各流派盆景的技巧，博采众家之长，敢于创新。精心创作了一大批树桩、树石、壁挂、山水盆景佳作，刚柔并济，以形传神，自成体系。在斧劈石盆景加工技法和罗汉松树桩大树造型、换根、换头、换天棚及无根嫁接技法上取得了突破。

创作的盆景作品先后在国际、国内盆景大赛上获得金奖、银奖、铜奖上百枚。1991年在北京国际盆景精品大赛上获金、银奖；1992年在海峡两岸盆景展览中获金、银、铜奖，并为温江争得了团体金杯；1998年在中国金马杯盆景大赛上获得金奖；2001年获"蜀汉杯"盆景展金奖；2002年"中国第12届兰花博览会"上获金奖；2002年江苏如皋"绿园杯"全国盆景精品展中获银奖；2003年在成都国际桃花节"成都盆景评比展"中获得金、银奖；2003年四川省首届花卉博览会上获得金、银、铜奖；2004年成都市第十五届盆景展中获金、银、铜奖。并于1999年在河北省石家庄市举办首次个人盆景艺术展览，2002年在河北和成都又举办了三次个人盆景展。先后在《中国花卉报》和《中国花卉盆景》杂志上发表了《罗汉松桩景盆景快速成型法》、《贴梗海棠的快速成型法》和《盆景命名点景》等学术论文数篇。在第十五届全国盆景与园艺培训班上进行盆景创作表演，并以《川派树桩盆景的创作技法》为题作学术交流。2001年受邀在成都"蜀汉杯"盆景展和海口"奥林匹克杯"盆景展中进行了现场制作表演，受到了同行的一致好评。

2003～2005年期间主持施工的石家庄市植物园盆景艺术馆工程、石家庄市植物园山石瀑布工程、第六届中国花卉博览会四川展场和成都展场外景等重要景观工程均获得了业界的高度评价。

1993年被评为成都市优秀共产党员；1998年4月被评为"成都市1994～1998年度劳动模范"；2000年度荣获成都市温江区农产品营销先进工作者、成都市党员干部致富奔富裕示范户；2003年荣获四川省百佳农村经纪人称号，并被评为四川省农村优秀人才；2000～2004年连续5年当选为"成都市农村农产品营销大户"；2004年9月荣获"中国杰出盆景艺术家"称号；2005年荣获四川省劳动模范称号，并被评为"2005年度全国十大苗木经纪人"。

# 序





中国盆景艺术家协会常务理事，成都盆景艺术家协会副会长胡世勋先生从事盆景创作数十年，热衷于盆景事业的发展与普及。他在百忙之中编撰了《邑园盆景艺术》一书，嘱余作序。敏虽自知不胜此任，但盛情难却。再则，我与世勋先生交往多年，他的敬业精神和人格魅力令我诚服。出自肺腑的感言奔涌笔端，权当引玉之砖吧！

四川古称巴蜀，独特的巴山蜀水，漫长的历史进程，孕育出了特有的巴蜀文化，同时也造就了四川盆景独特的艺术风格：树桩以古朴严谨、典雅清秀、虬曲多姿、盘根错节为特色，讲究花、果、根、干各显所长，色、香、姿、韵自然流畅；山水盆景则擅长以高、悬、陡、深的手法再现巴山蜀水的幽、秀、雄、险，追求诗情画意的再现。

世勋先生祖籍成都市温江区玉石乡三邑村，“成都三邑园艺绿化工程有限责任公司”因此而得名，盆景园亦命名“邑园”。他为人质朴、热情、真诚、坦率，不张扬，不摆谱。二十多岁开始创业，在资金、技术严重匮乏，生产基地不足一亩的自留地里，本着诚实、谦虚、乐观的人生态度，凭借对盆景艺术执着的热爱和不懈的追求，踏踏实实、任劳任怨，经过40余年的艰苦拼搏，惨淡经营，发展成为拥有相当规模的生产基地和经济实力，具有完善组织管理机构的二级园林绿化施工资质的实体。

世勋先生的“邑园”座落在成都市的“花木之乡”温江区万春镇，是一座集盆景和花木生产、展示、经营于一体的大型私家盆景园。园内陈列了世勋先生创作、收藏的树桩、水旱、山水等各类盆景数百盆，采用了川派盆景创作的各类植物材料和山石材料，是川派盆景对外展示、交易的中心场所。

世勋先生在多年的实践中，总结出斧劈石盆景加工技法，贴梗海棠盆景快速成型法，并在罗汉松树桩无根嫁接技术上取得了很大的突破。他的盆景佳作先后在国内、外盆景大赛中获得金、银、铜奖数十枚。数次成功举办个人盆景展览，在国家级报刊上发表多篇学术专论。《邑园盆景艺术》一书汇聚了邑园收藏的众多优秀作品，为喜爱盆景的各界人士提供了一个鉴赏和交流的平台。书中盆景大多达到了形神兼备、浑然天成的艺术效果，体现了川派盆景的特色，也从兄弟流派汲取了有益的营养和创作元素，达到了较高的艺术水平。

我期待，也深信世勋先生将会有更多更好的紧随时代步伐、以川派的艺术形式来表现时代精神和风貌的优秀作品问世。

祝世勋先生为川派盆景的艺术殿堂增光添彩！

吴敏

2005年7月于成都

# 目录

## 第三篇　制作技艺



## 第四篇　工程集萃



## 后　记

# 第一篇　邑园概览

邑园东侧平视

邑园是一座集盆景生产、展示、经营及花木栽培于一体的大型私家盆景园，是成都三邑园艺绿化工程有限责任公司的支柱产业，座落于“花木之乡”成都市温江区万春镇，由中国盆景艺术家协会常务理事胡世勋先生亲手策划创建。邑园的由来有两层含义：一是体现胡世勋先生对其故乡——温江区玉石乡三邑村的眷爱之情，二是因“邑”与“一”谐音，意指将此园创办成西南地区首屈一指的私家盆景展览园。

邑园东侧俯视

邑园门景及波浪顶漏窗围墙

邑园全景

贴梗海棠盆景

邑园占地40余亩。透过古朴柔美的波浪顶漏窗围墙便可依稀看到里面各式各样的盆景和苗木，从一个圆形的门进去，便是两条由碎石拼花的园路，弯弯曲曲向两边延伸。园路两旁设立了石柱的盆架等展台，错落有致，适合摆设各种不同规格的盆景，又显得质朴、自然。盆景展架台几百个，摆设了树桩盆景、水旱盆景、山水盆景等1000余盆。靠盆景园东墙是一座约300平方米的仿古建筑，离建筑不远的东北面是一座高耸挺立的六角亭，站在亭上便可纵览园内姿态万千、

邑园南侧

邑园东南侧

邑园北侧

琳琅满目的盆景。

邑园自创建以来，社会各界和盆景界有关人士纷纷前来调研参观：四川省省长张中伟、成都市市委书记李春城等省市领导先后来到邑园调研指导；中国盆景界资深人士张世藩、赵庆泉、陆志伟、林凤书先生等人也多次前来参观指导；日本、美国、加拿大等同行也慕名前来观摩交流。省内外多家媒体对邑园作了多方面报道。《中国花木盆景》《中国花卉报》等专业报刊也载文介绍邑园盆景作品的特色和艺术成就。

贴梗海棠盆景基地之一

贴梗海棠盆景基地之二

金弹子古桩地景

邑园，除盆景展示场外，还有近百亩的盆景树桩培植场，拥有川派盆景传统的特色树种金弹子、银杏、罗汉松、紫薇、贴梗海棠等盆景树桩2万余件，同时还收藏养植了大量国内各流派著名代表人物的盆景作品。此外，在公司所属的200多亩苗木基地上，还培植有银杏、桂花、紫薇等20多万株乔木、花灌木。

邑园的盆景，其制作以传统川派盆景的加工技艺为主，并随着市场的需求，在创作中不断地改进和创新。树桩盆景主要用金弹子、贴梗海棠、银杏、罗汉松、紫薇等几十种特色树种为制作素材。所创作的树桩盆景仪态万千，丰富多彩；山水盆景制作精良，川味十足。

邑园盆景，先后在国际国内各项盆景展览评比上获得金奖、银奖、铜奖上百枚。

1991 年在北京国际盆景精品大赛上获金、银奖；1992 年在海峡两岸盆景展览中获金、银、铜奖，并为温江争得了团体金杯；1998 年在中国金马杯盆景大赛上获得金奖；2001 年获“蜀汉杯”盆景展金奖；2002 年“中国第12 届兰花博览会”上获金奖；2002 年江苏如皋“绿园杯”全国盆景精品展中获银奖；2003 年在成都国际桃花节“成都盆景评比展”中获得金、银奖；2003 年四川省首届花卉博览会上获得金、银、铜奖；2004 年成都市第十五届盆景展中获金、银、铜奖。

大棚温室养护盆景

冬季银杏盆景基地

春季银杏盆景基地

现在，邑园正逐渐成为川派盆景对外展示、交易的中心场所。园内盆景远销中国香港、台湾和澳大利亚、日本、韩国等国家。园内陈列了胡世勋先生创作、收藏的树桩、水旱、山水等各类盆景数百盆，涉及了川派盆景创作的各类素材。

银杏盆景

会议室前金弹子古桩

银杏古桩

银杏古桩地景

金弹子盆景

金弹子盆景

# 第二篇　盆景赏析

**浩然正气**

*树种：金弹子　树龄：80年　桩高：85厘米*

豪迈的气韵，刚正的桩形，
浩然立于天地，正气流传千古。

语出南宋·文天祥《正气歌》曰："天地有正气，杂然赋流形。下则为河岳，上则为日星。于人曰浩然，沛乎塞苍冥。"

## 孔雀东南飞

*树种：金弹子　树龄：40年　桩高：60厘米*

翡翠孔雀东南飞，回头一望泪纷飞。

前面路途遥且险，离愁别绪伤且悲。

此金弹子树形就似一只飞翔的孔雀，边飞边回头告别亲人。因名“孔雀东南飞”。

## 如逢甘露

*树种：金弹子　树龄：70年　桩高：60厘米*

烈日炎炎爷孙俩，急行匆匆累又饿。

幸遇果树好乘凉，摘得仙果解饥渴。

**亭亭玉女妆**

*树种：金弹子　树龄：35年*
*桩高：80厘米*

亭亭一玉女，对镜正梳妆。
左戴珍珠饰，右插碧玉簪。
娇娆且美丽，貌似月宫仙。

**青烟翠舞步轻盈**

*树种:金弹子　树龄:50年　桩高:45厘米*

此桩犹如一妙龄女子，随乐曲翩然起舞，步伐轻盈灵动，在青烟翠雾中胜似天上仙女。

语出宋·司马光《西江月》词："宝髻松松挽就，铅华淡淡妆成。青烟翠雾罩轻盈，飞絮游丝无定。"

**盛世双雄**

*树种：金弹子　树龄：100年*
*桩高：60厘米*

一树生二枝，双雄并存世。
桩下附玩石，果红叶翠碧。

## 朽桩秋韵

*树种:金弹子　树龄:120 年　桩高:90 厘米*

此树久经沧桑巨变,受尽风雪磨练,胜似同胞手足,形影长相依恋。

**疏影横斜舞飞扬**

*树种：金弹子　树龄：60年　桩高：70厘米*

语出宋·林逋《山园小梅》诗云：“疏影横斜水清浅，暗香浮动月黄昏。”

**别有洞天**

*树种：金弹子　树龄：90年　桩高：40厘米*

斑斑朽迹一古桩，满树硕果压枝弯。
别有洞天桩中间，引来好奇把洞钻。

## 曼舞庆丰年

*树种：金弹子　树龄：130年*
*桩高：70厘米*

乌黑一古桩，金果挂满枝。
举手舞翩跹，庆贺丰收年。

## 斜干几度秋

*树种:金弹子　树龄:50年　桩高:45厘米*

此桩干斜斜生长，
枝虽少却硕果多，
好一派秋之浓韵。

语出宋·王沂孙《齐天乐》词:“病翼惊秋，枯形阅世，消得斜阳几度?余音更苦，甚独抱清高，顿成凄楚。”

## 飞越万里

*树种:金弹子　树龄:50年　桩高:50厘米*

候鸟入冬向南飞，为了生存不得已。
穿越万里身已疲，落到地面暂休息。

此树形似一只飞越了万里之遥，有一些疲惫了的小鸟。正放下翅膀准备休息片刻。故名“飞越万里”。

## 江山回首千中圆

*树种:金弹子　树龄:75年　桩高:55厘米*

妙趣天成一树桩，长手扭曲干中央。
幸得今日已成型，江山回首圆梦想。

语出宋·文天祥《酹江月》词:“镜里朱颜都变尽，只有丹心难灭。去去龙沙，江山回首，一线青如发。故人应念，杜鹃枝上残月。”

## 含羞笑相依

*树种:金弹子　树龄:80年　桩高:70厘米*

同在一屋檐，相约过一生。
此生结连理，含羞笑相依。

语出宋·柳永《夜半乐》词:“败荷零落，衰杨掩映，岸边两两三三，浣纱游女。避行客，含羞笑相语。”

## 翠叶藏珠

*树种：金弹子　树龄：150 年*
*桩高：75 厘米*

语出宋·晏殊《踏莎行》词："翠叶藏莺，朱帘隔燕，炉香静逐游丝转。一场愁梦酒醒时，斜阳却照深深院。"

**壮志凌云雄心高**

*树种：金弹子　树龄：100年*
*桩高：70厘米*

奇形怪状一树桩，
巍然屹立盆中央。
雄心壮志今犹在，
枝繁果累每年轮。

## 翠影舞斜阳

*树种：金弹子　树龄：75年*
*桩高：45厘米*

老桩迂回长，根如潜龙爪。
叶翠果醉人，翠影舞斜阳。

语出宋·周邦彦《风流子》词：“新绿小池塘，风帘动，碎影舞斜阳。”

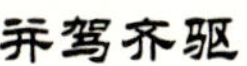

## 并驾齐驱

*树种:金弹子　树龄:45年　桩高:50厘米*

秋高气爽好天气，
一马背上两人骑。
并驾齐驱草原上，
患难与共不分离。

**骏马腾空**

*树种：金弹子　树龄：110年*
*桩高：70厘米*

此桩犹如一只向前奔驰的骏马，前蹄着地，后蹄腾空，自由自在飞驰在碧绿的草原上。因名“骏马腾空”。

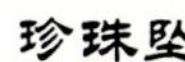

## 珍珠坠

*树种：金弹子　树龄：60年*
*桩高：40厘米*

语出宋·范仲淹《御街行》词："纷纷坠叶飘香砌。夜寂静，寒声碎。真珠帘卷玉楼空，天淡银河垂地。"

## 稳如山斗

*树种:金弹子　树龄:65年　桩高:50厘米*

语出《新唐书·韩愈传》:"自愈沒,其言大行,学者仰之如泰山北斗。"此桩稳如泰山北斗,因名"稳如山斗"。

## 海豹戏珠

*树种：金弹子　树龄：85年*
*桩高：80厘米*

桩形如海豹，唇上托珍珠。
表演正起劲，美食前不动。

**鸦噪深秋**

*树种：金弹子　树龄：70年　桩高：50厘米*

此桩形似一老鸦，久飞疲累落石旁。
正在回头梳羽毛，休息片刻觅食忙。

**俯首甘为孺子牛**

*树种：金弹子　树龄：85年*
*桩高：45厘米*

语出鲁迅诗："横眉冷对千夫指，俯首甘为孺子牛。"

## 秋风夜放珠满树

*树种：金弹子　树龄：105年*
*桩高：120厘米*

语出宋·辛弃疾《青玉案》词："东风夜放花千树。更吹落，星如雨。宝马雕车香满路。凤箫声动，玉壶光转，一夜鱼龙舞。"

**乌龙探海**

*树种：金弹子　树龄：50年*
*桩高：20厘米　飘长：70厘米*

整桩造型宛如一条觅食乌龙，忽见海面游鱼成群，兴奋异常，准备下海一探究竟。因名“乌龙探海”。

**醉**

*树种：金弹子　树龄：80年　桩高：60厘米*

古桩青苔上，层层枝分明。
秋来好丰景，叶翠果醉人。

语出宋·张先《天仙子》词：“《水调》数声持酒听，午醉醒来愁未醒。”

**轻舞霓虹**

*树种:金弹子　树龄:45年　桩高:35厘米*

此树貌似一女仙，
正在月宫舞翩跹。
舞姿云飘如霓虹，
诗情画意尽缠绵。

**珠帘翠幕**

*树种：金弹子　树龄：100年　桩高：60厘米*

语出唐·岑参《白雪歌送武判官归》诗曰：
“忽如一夜春风来，千树万树梨花开。
散入珠帘湿罗幕，狐裘不暖锦衾薄。”

**翠华拂珠**

*树种：金弹子　树龄：110年*
*桩高：90厘米*

语出唐·杜甫《韦讽录事宅观曹将军画马图》诗："借问苦心爱者谁，后有韦讽前支遁。忆昔巡幸新丰宫，翠华拂天来向东。"

**梦笔生果**

*树种：金弹子　树龄：95年*
*桩高：115厘米*

语出：黄山北海散花坞左侧有一孤立石峰，形同笔尖朝上的毛笔。峰顶巧生奇松如花，故名“梦笔生花”。此盆金弹子盆景与之相比有异曲同工之妙，因名“梦笔生果”。

**舞榭歌台**

*树种：金弹子　树龄：50年*
*桩高：60厘米*

语出宋·辛弃疾《永遇乐》词：“千古江山，英雄无觅孙仲谋处。舞榭歌台，风流总被雨打风吹去。”

## 回头一笑半崖生

*树种：金弹子　树龄：40年*
*桩高：75厘米*

语出唐·白居易《长恨歌》诗曰：“天生丽质难自弃，一朝选在君王侧。回头一笑百媚生，六宫粉黛无颜色。”

**桩老珠黄仍惬意**

树种：金弹子　树龄：120年
桩高：90厘米

此桩已是古来稀，桩干嶙峋在掉皮。
久经风霜雪雨时，桩老珠黄仍惬意。

## 诗客之道

*树种：金弹子　树龄：95 年*
*桩高：70 厘米*

老桩曲折生，繁叶满枝青。
路过此树下，仙果诗客人。

## 双宿双飞一世情

*树种:金弹子　树龄:90 年　桩高:90 厘米*

两干同根附石上，相依为命共生死。
浓情蜜意让人醉，双宿双飞一世情。

**蜿蜒而上**

*树种:金弹子　树龄:120年　桩高:45厘米*

掉拐一古桩,扭曲生命强。
蜿蜒上云霄,金果赛仙桃。

## 魏晋风度

*树种：金弹子　树龄：65年　桩高：55厘米*

魏晋风度是在中国的魏晋时期所产生的一种特定的人格模式，它的特点是自由、狂放、洒脱不羁而又纯真自然，表现出了对人的本真生命的强烈向往和追求，是人的青春生命的一次艳丽的迸发，因而，魏晋风度也给后人留下了无尽的向往。

## 起舞弄清影

*树种：金弹子　树龄：70年　桩高：50厘米*

语出宋·苏轼《水调歌头》词："我欲乘风归去，又恐琼楼玉宇，高处不胜寒。起舞弄清影，何似在人间！"

## 与石相依

*树种:金弹子　树龄:65年　桩高:60厘米*

古桩靠玉石,珠红叶翠绿。

桩石相依靠,永远不分离。

此桩斜靠一白石之上,互相依靠支撑。因名“与石相依”。

## 阳光雨露帮养育

*树种:金弹子　树龄:55年　桩高:60厘米*

老树新枝喜得子,手舞足蹈庆贺之。

憾是年老力不足,阳光雨露帮养育。

**天生一个仙人洞**

*树种：金弹子　树龄：110年*
*桩高：65厘米*

此桩天然生成一树洞，树干向左横长一节，又昂首向天生长，枝翠果累，呈现一片深秋美景。

语出毛泽东《登庐山》诗："天生一个仙人洞，无限风光在险峰。"

## 因势而动

*树种:金弹子　树龄:105 年　桩高:85 厘米*

此桩根据树桩的走势,该舍则舍,该留则留,动静结合。因名“因势而动”。

语出春秋·孙武《孙子兵法三十六计》兵势篇:“奇正相生,因势而动。”

## 薛梦风月

*树种: 金弹子　树龄: 90 年　桩高: 90 厘米*

语出宋·胡铨《好事近》词:“富贵本无心，何事故乡轻别? 空使猿惊鹤怨，误薜梦风月。”

## 目尽青山怀古今

*树种：金弹子　树龄：95年　桩高：70厘米*

一树斜飞出山顶，干在半空根在地。
任凭崖下风波起，目尽青山怀古今。

语出宋·张元干《贺新郎》词："雁不到，书成谁与？目尽青山怀古今，肯儿曹恩怨相尔汝？举大白，听《金缕》。"

## 舞翩然

*树种:金弹子　树龄:40年　桩高:60厘米*

语出宋·贺铸《小梅花》词:"酌大斗,更为寿,青鬓常青古无有。笑嫣然,舞翩然。"

## 游子归故乡

*树种:金弹子　树龄:70年　桩高:70厘米*

此盆景为附石盆景，由一大一小两树桩构成，大树犹如慈母盼儿归，小树就似远离故乡的游子终于回到母亲的怀抱。因名"游子归故乡"。

语出唐·孟郊《游子吟》诗曰："慈母手中线，游子身上衣。临行密密缝，意恐迟迟归。谁言寸草心，报得三春晖。"

**枝繁珠满树**

*树种：金弹子　树龄：90年　桩高：75厘米*

风骨奇特金弹子，叶片如云果如珠。
枝干托起千斤重，枝繁果满迎丰收。

## 清香闲自远

*树种：贴梗海棠　树龄：35年　桩高：130厘米*

语出赵令峙《菩萨蛮》词："清香闲自远，先向钗头见。雪后燕瑶池，人间第一枝。"

## 雨过胭脂透

*树种：贴梗海棠　树龄：20年　桩高：60厘米*

语出宋·宋祁《缠绵道》词："燕子呢喃，景色乍长春昼。睹园林，万花如锈。海棠经雨胭脂透。"

## 海棠依旧笑春风

*树种：贴梗海棠　树龄：20年　桩高：75厘米*

语出宋·李清照《如梦令》词："昨夜雨疏风骤。浓睡不消残酒，试问卷帘人。——却道海棠依旧，知否，知否？应是绿肥红瘦！"

## 袖染花梢露

*树种：杜鹃海棠　树龄：35年　桩高：70厘米*

海棠花开红艳艳，一点新绿缀花间。
若得路人伸手拈，未料袖上晨露沾。

语出宋·魏夫人《卷珠帘》词："记得来时春未暮，执手攀花，袖染花梢露，暗下春心共花语，争寻双朵争先去。"

## 海棠仙姿

*树种：垂丝海棠　树龄：40年　桩高：85厘米*

春来百花齐争艳，蜂蝶闻香采蜜甜。
淡淡粉红吸人眼，海棠仙姿舞翩然。

## 冰姿玉态

*树种：贴梗海棠　树龄：35年*
*桩高：70厘米　飘长：80厘米*

此桩干蜿蜒而上，好似游龙戏花间。
红花似锦耀人眼，冰姿玉态让人怜。

语出杨亿《少年游》："千寻翠岭，一枝芳艳，迢递寄归人，寿阳收罢。冰姿玉态，的的写天真。"

**风过幽香花正艳**

*树种：贴梗海棠　树龄：70年　桩高：65厘米*

碧草青青春意浓，红花绿叶相映衬。
风过幽香花正艳，留得春色满人间。

**婵娟海棠**

*树种:杜鹃海棠　树龄:50年*
*桩高:35厘米　飘长:70厘米*

语出宋·苏轼《水调歌头》词:"人有悲欢离合,月有阴晴圆缺,此事古难全。但愿人长久,千里共婵娟。""婵娟"之意为:容颜美好的样子,此指美丽的杜鹃海棠。

**艳溢香融**

*树种:贴梗海棠　树龄:30年　桩高:125厘米*

语出宋·赵佶《燕山亭》词:"裁剪冰绡,轻叠数重,淡著胭脂匀注。新样靓妆,艳溢香融,羞杀蕊珠宫女。"

## 凤凰展翅舞九天

*树种：罗汉松　树龄：55年*
*桩高：125厘米*

此树形犹如一绿凤凰，正迎风飞翔，舞上九重霄。

## 万壑松挥手

*树种：五针松　树龄：60年　桩高：65厘米*

语出唐·李白《听蜀僧濬弹琴》诗："蜀僧抱绿绮，西下峨嵋峰。为我一挥手，如听万壑松。"

**雏鹰展翅飞**

树种:罗汉松　树龄:40年
桩高:35厘米　飘长:90厘米

此桩分两枝,形似一雏鹰。
羽翼虽不丰,展翅击长空。

**绿云意欲凌风翔**

树种:罗汉松　树龄:65年
桩高:100厘米　飘长:200厘米

绿云五朵看分明,翔舞空中层层翠。
左边三朵如天梯,右边两枝似燕尾。

语出唐·韦应物《郡斋雨中与诸文士燕集》诗:"俯饮一杯酒,仰聆金玉章。神欢体自轻,意欲凌风翔。"

## 劲节高风

*树种:雀舌罗汉松　树龄:30年　桩高:75厘米*

语出陈毅《松》诗云:“大雪压青松,青松挺且直。要知松高节,诗到雪化时。”

## 松风弹琴

*树种:罗汉松　树龄:60年　桩高:70厘米*

此桩枝桠随风动,犹似仙女在弹琴。因名“松风弹琴 ”。

语出唐·王维《西州张少府》诗曰:“松风吹解带,山月照弹琴。君问穷通理,渔歌入浦深。”

## 醉中逆风舞

*树种：五针松　树龄：70年　桩高：65厘米*

与友相聚喝点酒，醉中行走逆风舞。

语出宋·张元干《贺新郎》词："帐望关河空吊影，正人间、鼻息鸣鼍鼓。谁伴我，醉中舞。"

## 无可奈何花落去

*树种：蜡梅　树龄：50年　桩高：110厘米*

语出宋·晏殊《浣溪沙》词：“无可奈何花落去，似曾相识燕归来。小园香径独徘徊。”

## 梅花似雪

*树种：白梅　树龄：75年　桩高：150厘米*

语出宋·吕本中《踏莎行》词：“雪似梅花，梅花似雪。似和不似都奇艳。恼人风味阿谁知？请君问取南楼月。”

又出南朝梁·范云《别诗》：“昔去雪如花，今来花如雪。”

## 寒梢冻蕊

*树种：红梅　树龄：40年　桩高：165厘米*

语出宋·吴文英《贺新郎》词：“鳌头小簇行春队。步苍苔，寻幽别坞，问梅开未。重唱梅边新度曲，催发寒梢冻蕊。”

## 暗香浮动花满枝

*树种：蜡梅　树龄：50年　桩高：140厘米*

语出宋·林逋《山园小梅》诗：“疏影横斜水清浅，暗香浮动月黄昏。”

**红梅枝头春意闹**

*树种：红梅　树龄：65年　桩高：150厘米*

语出宋·宋祁《玉楼春》词："东城渐觉风光好，縠皱波纹迎客棹。绿杨烟外晓寒轻，红杏枝头春意闹。"

## 二龙戏花间

*树种：蜡梅　树龄：30年*
*桩高：70厘米　飘长：130厘米*

此桩有双干，曲折如龙盘。
二龙戏花间，黄花如鳞片。
幽香沁鼻端，陶醉留人间。

## 枝头花艳似娇云

*树种：红梅　树龄：40年　桩高：85厘米*

语出宋·晏几道《御街行》词："街南绿树春饶絮，雪满游春路。树头花艳杂娇云，树底人家朱户。北楼闲上，疏帘高卷，直见街南树。"

**仰见突兀撑青空**

*树种：银杏　树龄：150年　桩高：210厘米*

语出唐·韩愈《谒衡岳庙遂宿岳寺题门楼》诗：“潜心默祷若有应，岂非正直能感通。须臾静扫众峰出，仰见突兀撑青空。”

## 翠意盎然

*树种：银杏　树龄：50年　桩高：100厘米*

此银杏树桩，经过冬的风霜雪雨，迎来春的暖暖朝阳，枝繁叶茂，给人与浓浓的春天味道。因名“翠意盎然”。

## 绿云飞瀑

*树种：银杏　树龄：80年　桩高：90厘米*

此桩飞出悬崖边，犹如飞瀑挂山前。
朵朵绿云飘枝上，一片春意现眼帘。

语出唐·李白《望庐山瀑布》诗：“日照香炉生紫烟，遥看瀑布挂前川。飞流直下三千尺，疑是银河落九天。”

**荡胸生层云**

*树种：榆树　树龄：100年　桩高：80厘米*

语出唐·杜甫《望岳》诗："荡胸生层云，决眦入归鸟。会当凌绝顶，一览众山小。"

## 英雄气凛然

*树种：榆树　树龄：110年　桩高：90厘米*

雄伟一榆桩，梢顶绕云飘。
古今难得见，英雄气凛然。

语出唐·刘禹锡《蜀先主庙》诗："天地英雄气，千秋尚凛然。势分三足鼎，业复五铢钱。"

**挥手邀月行**

*树种：榆树　树龄：90年　桩高：100厘米*

语出唐·李白《月下独酌》诗："举杯邀明月，对影成三人。"又出李白《送友人》诗："挥手自兹去，萧萧斑马鸣。"

## 绿云飞渡藏劲龙

*树种：榆树　树龄：85年　桩高：70厘米*

此桩蜿蜒而上，像一条腾空之劲龙，枝繁叶茂，层层如绿云。因名“绿云飞渡藏劲龙”。

语出毛泽东《登庐山》词：“暮色苍茫看劲松，乱云飞渡仍从容。”



## 树下放牧图

*树种：榆树　树龄：100年　桩高：80厘米*

古树横石边，石旁一草原。
牧童骑牛背，人畜皆畅然。

**顶天立地迎客榆**

树种：榆树　树龄：95年　桩高：110厘米

自古都颂黄山松，迎来送往半山中。
思来想去不服气，怎奈无法决雌雄。

## 灵犀一桩通

*树种：榆树　树龄：90年　桩高：100厘米*

语出唐·李商隐《无题》诗："昨夜星辰昨夜风，画楼西畔桂堂东。身无彩凤双飞翼，心有灵犀一点通。"

**长歌楚天碧**

*树种：榆树　树龄：85年　桩高：105厘米*

语出唐·柳宗元《溪居》诗曰："晓耕翻露草，夜榜响溪石。来往不逢人，长歌楚天碧。"

### 绿云低头看今朝

*树种：榆树　树龄：70年　桩高：50厘米*

根深蒂固古榆桩，干皮斑驳一回旋。
春来新枝层层翠，绿云低头看今朝。

### 漫弹绿绮

*树种：榆树　树龄：85年　桩高：75厘米*

语出宋·洪皓《江梅引》词："空凭遐想笑摘蕊。断回肠，思故里。漫弹绿绮。引《三弄》，不觉魂飞。更听胡笳，哀怨泪沾衣。乱插繁花须异日，待孤讽，怕东风，一夜吹。"

**风起彩云飞**

*树种：火棘　树龄：40年*
*桩高：60厘米*

层层枝上密密果，红红果实个个熟。
轻风拂过树梢头，宛如彩霞飞满天。

语出宋·辛弃疾《贺新郎》词："江东沉酣求名者，岂识浊醪妙理？回首叫，云飞风起。"

**探渊觅幽境**

*树种：榆树　树龄：80年　桩高：45厘米*

悬崖边上一古榆，枝条飘飞探渊去。
觅得幽境心情愉，逍遥自在胜过鱼。

**碧叶留金**

*树种：匍地蜈蚣　树龄：25年*
*桩高：50厘米*

绿树丛中点点红，
红似宝石闪金光。
果红叶翠耀人眼，
留恋忘返不思乡。
因名“碧叶留金”。

**翠柏有本心**

*树种：柏树　树龄：120年　桩高：80厘米*

语出唐·张九龄《感遇》诗："谁知林栖者，闻风坐相悦。草木有本心，何求美人折。"

## 银河泻碧波

*树种：小叶榕　树龄：100年　桩高：85厘米*

瑶池仙踪忽，银河泻碧波。
缓缓流人间，滋润万物苏。

语出宋·范仲淹《御街行》词："夜寂静，寒声碎。真珠帘卷玉楼空，天淡银河垂地。"

## 壮怀激烈

*树种：小叶榕　树龄：120年　桩高：110厘米*

语出宋·岳飞《满江红》词："怒发冲冠，凭栏处，潇潇雨歇。抬望眼，仰天长啸，壮怀激烈。"

## 同桩连理枝

*树种：对节白蜡　树龄：90年　桩高：90厘米*

一桩两干心连心，胜似牵牛织女星。
手牵手来长相依，患难与共结连理。

语出唐·白居易《长恨歌》诗曰："在天愿作比翼鸟，在地愿为连理枝。天长地久有时尽，此恨绵绵无绝期。"

**欲探龙宫有多深**

*树种：榆树　树龄：60年*
*桩高：35厘米　飘长：110厘米*

困龙久居枯井中，听闻东海有龙宫。
腾云驾雾片刻至，欲探龙宫深海中。

**千古沧桑春依旧**

*树种：豆腐木　树龄：50年　桩高：80厘米*

古桩细枝叶翠绿，蜿蜒而上极不易。
历经严寒仍健在，千年沧桑春依旧。

## 霓裳羽衣

*树种：火棘　树龄：35年　桩高：70厘米*

此桩："轻盈灵动似在舞，溢彩流光枝上红。霓裳羽衣天上见，人间难得几回闻。"

语出唐 · 白居易《长恨歌》诗曰："缓歌慢舞凝丝竹，尽日君王看不足。渔阳鼙鼓动地来，惊破霓裳羽衣曲。"

**春风柔情**

*树种：金线吊蛾　树龄：50年　桩高：70厘米*

春风过处绿盎然，枝条飘飞舞翩跹；
根如龙爪桩蜿蜒，花叶柔情满人间。

语出宋·秦观《八六子》词：“无端天与娉婷。夜月一帘幽梦，春风十里柔情。”

**深山古木坐二仙**

*树种：对节白蜡　树龄：85年　桩高：90厘米*

古木参天深山间，吸引天上两神仙。
此处清静无人晓，坐地休息闲论道。

语出唐·王维《过香积寺》诗曰：“不知香积寺，数里入云峰。古木无人径，深山何处钟。”

## 香满西湖烟水

*树种：红梅　石种：龟纹石*
*盆长：200 厘米*

西湖碧波荡，岸上梅花放。
红梅似繁星，点缀枝头上。

语出宋·杨万里《昭君怨》词："午梦扁舟花底，香满西湖烟水。急雨打蓬声，梦初惊。"

## 河畔青芜堤上梅

*树种：红梅　石种：龟纹石*
*盆长：200厘米*

春风又绿河两畔，乱石隐约水面显。
两岸对望互不怨，争把幽香撒人间。

语出宋·欧阳修《蝶恋花》词："河畔青芜堤上柳，为问新愁，何事年年有？独立小桥风满袖，平林新月人归后。"

## 秀野踏青

*树种：六月雪　石种：千层石*
*盆长：75厘米*

语出宋·张先《木兰花》词：“龙头舴艋吴儿竞，笋柱秋千游女并。苏州拾翠暮忘归，秀野踏青来不定。”

## 一片湖光烟霭中

*树种：贴梗海棠　石种：龟纹石*
*盆长：120厘米*

语出宋·康与之《长相思》游西湖词："南高峰，北高峰。一片湖光烟霭中。春来愁杀侬。"

## 云树绕堤沙

*树种：对节白蜡　石种：砂积石*
*盆长：120厘米*

语出宋·柳永《望海潮》词："烟柳画桥，风帘翠幕，参差十万人家。云树绕堤沙。怒涛卷霜雪，天堑无涯。"

## 宝岛风光秀

*树种：对节白蜡　石种：龟纹石*
*盆长：70厘米*

苍茫海上一岛屿，森森古木龟纹石。
岛上风光多秀丽，人迹罕至难寻觅。



## 浩浩风波起

*树种：六月雪　石种：河卵石*
*盆长：120厘米*

乱石点江边，古树岸上站。
浩浩风波起，春色入眼帘。

语出唐·韦应物《夕次盱眙县》诗：“落帆逗淮镇，停舫临孤驿。浩浩风起波，冥冥日沉夕。”

## 一溪风月

*树种：对节白蜡 石种：龟纹石*
*盆长：110厘米*

语出宋·苏轼《西江月》词："可惜一溪风月，莫教踏碎琼瑶。解鞍欹枕绿杨桥，杜宇一声春晓。"

## 沧浪古木图

*树种：六月雪　石种：龟纹石*
*盆长：150厘米*

被山洪猛烈冲击而裸露的山崖，顺着山谷渐行渐远的山溪，构成了山地壮美的景色。而山间崖畔傲然挺立的一群古树，显示出另一种壮美——带有舞蹈韵味的主干和枝盘造型流露出优雅的古典美。

## 春与清溪长

*树种：垂丝海棠　石种：龟纹石*
*盆长：200厘米*

语出唐·刘昚虚《阙题》诗："道由白云尽，春与清溪长。时有落花至，远随流水香。"

## 翠影红霞映溪水

*树种：贴梗海棠　石种：龟纹石*
*盆长：130厘米*

语出唐·李白《庐山谣寄卢侍御虚舟》诗："翠影红霞映朝日，鸟飞不到吴天长。登高壮观天地间，大江茫茫去不还。"

## 曲岛苍茫接翠微

*树种：对节白蜡　桩高：90厘米*
*盆长：100厘米*



语出唐·温庭筠《利州南渡》词："澹然空水带斜晖，曲岛苍茫接翠微。波上马嘶看棹去，柳边人歇待船归。"

## 江边静听松风寒

*树种：罗汉松　石种：龟纹石*
*盆长：120厘米*

语出唐·刘长卿《弹琴》诗曰："泠泠七弦上，静听松风寒。古调虽自爱，今人多不弹。"

## 两岸携手春长留

*树种：贴梗海棠　石种：龟纹石*
*盆长：120厘米*

绿云影里织锦绣，岸上花开胭脂透。
两岸携手春长留，共饮溪水到永久。

语出张磁《念奴娇》宜雨亭咏千叶海棠：“绿云影里，把明霞织就。千重文锈，紫腻红娇扶不起，好是未开时候。半怯春寒，半宜晴色，养得胭脂透。”

## 海畔云山

*石种：砂积石　　盆长：90厘米*

语出唐·祖咏《望蓟门》诗曰："沙场烽火侵胡月，海畔云山拥蓟城。少小虽非投笔吏，论功还欲请长缨。"

## 波上寒雾翠

*石种：砂积石　盆长：90厘米*

一片秋色与水波相连接，群峰倒影，帆船远行，水面上笼罩一层薄雾，同碧波一起溶成了翠色。

语出宋·范仲淹《苏幕遮》词："碧云天，黄叶地，秋色连波，波上寒烟翠，山映斜阳天接水，芳草无情，更在斜阳外。"

## 翠峰如簇

*石种：砂积石　盆长：80厘米*

长江江水清澈，山影倒映水中。
山峰青翠拥簇，让人历历在目。

语出宋·王安石《桂枝香》词："千里澄江似练，翠峰如簇。征帆去棹残阳里，背西风酒旗斜矗。彩舟云淡，星河鹭起，画图难足。"

## 孤峰刺九天

石种：砂积石　盆长：90厘米

群峰竞秀石嶙峋，江流千古峰下过。
孤峰突兀九重天，欲与青天平起坐。

**欲随流水到天涯**

*石种：砂积石　盆长：160厘米*

语出宋·秦观《望海潮》词："烟暝酒旗斜，但倚楼极目，时见栖鸦。无奈归心，暗随流水到天涯。"



**轻舟已过万重山**

*石种：砂积石　盆长：110厘米*

语出唐·李白《下江陵》诗曰："朝辞白帝彩云间，千里江陵一日还。两岸猿声啼不住，轻舟已过万重山。"

## 双帆远影碧空尽

*石种：砂积石　盆长：120厘米*

语出唐·李白《送孟浩然之广陵》诗：“故人西辞黄鹤楼，烟花三月下扬州。孤帆远影碧空尽，惟见长江天际流。”

## 秋水碧云天

*石种：龟纹石　盆长：120厘米*

山重重险秋水碧，悬崖峭壁惊天地。
古树绕山葱又绿，水中倒影留思忆。

## 一山飞峙大江边

*石种：砂片石　盆长：70厘米*

气势非凡，直冲霄汉。既揽峨眉之雄秀，又收三峡之壮丽。主峰带夸张的飞峙，由于有山腰大树的反向伸展而得以平衡，更因为副山的陪衬而显得沉稳。



## 江上孤帆远

*石种：斧劈石　盆长：70厘米*

峰峦层叠险，江上孤帆远。

语出唐·高适《送李少府贬峡中，王少府贬长沙》诗："青枫江上秋帆远，白帝城边古木疏。圣代即今多雨露，暂时分手莫踌躇。"

## 江山如画

*石种：斧劈石　盆长：90厘米*

语出宋·苏轼《念奴娇》中秋词："玉宇琼楼，乘鸾来去，人在清凉国。江山如画，望中烟树历历。"

又苏轼《念奴娇》赤壁怀古词："乱石穿空，惊涛拍岸，卷起千堆雪。江山如画，一时多少豪杰！"

## 新绿乍生崖边笑

*石种：砂积石　盆长：130厘米*

飘渺峰上云雾绕，远山隐约路途遥。
怪石嶙峋峰突兀，新绿乍生崖边笑。

语出宋·张炎《南浦》之春水词："和云流出空山，甚年年净洗，花香不了。新绿乍生时，孤村路，犹忆那回曾到。"

## 水远山高处处同

*石种：云母片石　盆长：120厘米*

用云母片石精心制作的秀山幽水，比起那些刀截斧断，危崖耸峙的山体来，自有它的特色：临江而起的峰峦，浑圆的山顶，层次分明的岩层，富于曲线美的外部轮廓。宛约，柔美，舒展，令人心驰神往。

# 第三篇 制作技艺

## 一、川派树桩盆景的创作技法

盆景，是在盆栽、石玩的基础上发展起来的以树、石为基本材料的盆内表现自然景观，借以表达作者思想感情的艺术品。

由于盆景创作者所处的地域不同、风土人情不同和生活习俗的不同以及性格和文化素养的差异，所以在创作上形成了很多个人、地方风格和艺术流派。

随着盆景创作的不断发展，相继发展了苏派、扬派、川派、岭南派、海派、浙派、徽派、通派、湖北等众多流派，并且各流派间相互渗透、相互借鉴，推动了我国盆景事业的飞速发展。由于流派的不同，所以又各有特点、风格。苏派的造型特点是圆片、三合六托一顶；扬派的特点是云片、寸枝三弯；川派的造型特点是以规则型为主。各流派间对盆的选用、盆景素材的选择也各不相同。如苏派、扬派常用杂木和松柏类树种；川派常用金弹子、银杏、六月雪、贴梗海棠、罗汉松等。

### （一）川派树桩盆景的造型特点

川派盆景在我国盆景界是形成较早的派系之一。其艺术风格表现为虬曲多姿、典雅清秀，讲究花、果、色、香、姿、韵，自然流畅。川派树桩盆景可分规则类和自然类。但是不论规则类还是自然类，都着重在造型桩干，根枝加工，以盘根错节，苍劲古朴，潇洒飘逸，造型方法，用材，枝盘处理以及具体技法、蟠扎工具等方面，自有其相对统一的规律，带有明显的地方特色。而在规则类和自然类中又各有身法。川派盆景中的规则类树桩盆景的身法、枝盘处理、审美情趣上带有封建时代的烙印，反映了那个时代的审美情趣、文化意识。自然类盆景原本是规则类树桩的摇篮，而其再度兴起则是近代生活节奏变化，审美要求变化之后，从规则类树桩中分化出来的，无疑带有鲜明的时代特色，受着川派规则类树桩盆景艺术传统的深刻影响。

川派盆景的规则类造型身法有方拐、掉拐、挂弓拐、大弯垂枝、直身加冕、老妇梳妆等，每一种身法都代表着树干的一种弯曲形状和一种蟠扎做弯的加工程式，都代表着一种规律；枝条造型技法有三式五型，即：平枝式规则型、平枝式花枝型、滚枝式大滚枝型、滚枝式小滚枝型、半平半滚式枝型；树干的造型主要由曲、直、斜、垂、吊多种；结顶形式有平、圆、树叶型。

在川派自然类树桩盆景中，制作类型包括有直立式、曲干式、斜干式、悬崖式、横云式等多种形式。

### （二）规则类树桩盆景的制作身法

按照中国盆景艺术大师、川派盆景代表人物陈思甫等老前辈所总结出的十大制作身法可分为：

(1)掉拐法：树成30°～40°斜栽，然后作弯。关键是第一弯为正面弯，通过第二个弯掉拐，转为侧面见弯，正面看第三弯顶部稍向第一弯顶部与第一弯顶部所指方向偏斜，第四弯顶部转回向第一弯背部偏斜，第五弯回正，第五弯顶部与第一弯基部成垂直线。即通常所说一弯、二拐、三出、四回、五镇顶。蟠扎处理后，每一株掉拐式树干的正面曲形状都符合“一弯大，二弯小，三弯四弯看不到”的外形规范，要求在不同的角度观赏的景观不同。

(2)接弯掉拐法：此法式用于树干粗壮而不易蟠扎，或遇人为、虫害、自然灾害、树干折断而又萌发力强的树种。首先将树干上端锯下，只留基部20～50厘米高，斜栽成50°～70°，用新发粗壮枝条或嫁接于树苗做主干进行蟠扎。它在树干上部的处理方法上与掉拐法相同。

(3)滚龙抱柱法：主干螺旋弯曲向上，其形若游龙绕柱。下大上小，自然稳健。其枝盘的格律形式可以随树种的不同或需要表达的情感的不同而灵活变化，既可以采取小滚枝型，又可以采取大滚枝型；或者在初蟠时用平枝式花枝型枝盘。

(4)三弯九倒拐法：主干在同一平面上如对掉拐法成九个小拐，在立面上拆扎成三个大弯。要求在主干正面看是三个大弯，侧面看是九个

小弯。从不同的角度看有不同的观赏效果，但技术要求高，难度较大。

(5)方拐法：将树干弯曲成一个个连续的方形弯，近似为“弓”字形体。从一侧观各个弯均在同一平面上，从另一侧观各矩形弯的弯背拍成自下而上逐渐收拢的阶梯形。此法在蟠枝盘的枝时，须选留在横干的近角处进行。枝盘六层，蟠扎成弧形。但由于此身法需从幼苗扎起，耗时长、难度大，所以极少用。

(6)对拐法：主干在同一平面上左右来回弯曲，做成五个弯，基部最大向顶部逐渐减小。侧面观赏要求犹如直干。用对拐法做的植物多植于建筑前，大门两侧，作为向自然过渡栽植，用于点缀。

(7)大弯垂枝法：作法是将粗壮的主干蟠一个大弯，蟠扎好后，将弯顶以上的主干锯除，所有枝条剪光。然后在弯前、弯背和弯顶用另外的植株靠近。弯前、弯背处用倒接法使枝条呈自然下垂状。所选有来靠近的枝条在靠接前后都应能蟠扎四、五个层面。待靠接枝条完全成活后从靠接处将其下部锯除。

(8)直身加冕法：主干不能蟠扎，但在顶上生长的枝条，必须有能蟠扎成2～4个层面的主

干的植株可采用此法。

(9)立身照足法：此法用于原无主干的树蔸。将树蔸进行精心的栽植、养护和管理，待其发出新枝并适合于蟠扎时，按树蔸的大小、高低，选择生长位置合适的粗壮枝条为主干、副干，然后进行蟠扎。主、副干上均以侧面见弯为佳，主、副干应相互配合，所蟠扎的弯应方向一致，切忌相反。

(10)巧借法：此法不同于以上九种，但是在主干的上部分为掉拐法、对拐法、滚龙抱柱法或立一段直干等。初蟠时以半平半滚式枝型为主，蟠扎后枝桩顶部与基部形成垂直线。通常用于蟠扎贴梗海棠和同属类。

### （三）规则类树桩盆景的制作技巧

运用掉拐法、三弯九倒拐法和大弯垂枝法等身法进行造型处理时，树干下部基本上都是一个大弯，其高度与整个树桩的高度之间，常用的比例为1：2，在直身加冕式身法中，粗树干的高度一般为总树高的1/2～2/3，其上端所连接的细树干的高度则为树高的1/3～1/2。在立身蔸式身法中树蔸的高度则应占树桩总高度的1/3左右。

在直身加冕法、立身照足法中，常选用二、三根主干；巧借法也常用两个树干。但因其他身法的特殊性，不能双干或多干并立，故不使用。

方拐法、三弯九倒拐法中，枝盘限定为六层；大弯垂枝法限定为十层；直身加冕法为六、八、九层。

### （四）规则类树桩盆景枝条的造型技法

除滚枝式身法外，总的要求是枝盘呈自然叶型，盘端距离基本相等，整个枝盘平出而微下垂。枝盘层次上，较严格的要求在五、六、九、十层上。枝片布局以七盘为多，片层与片层间保持上密下疏、上窄下宽，把握桩景势态重心。

平枝式规则型和平枝式花枝型在枝盘内部结构、主枝侧枝的排列关系和一个出枝点是否只出一枝等方面，都有不同的做法。平枝式规则型的枝盘常蟠扎成五、六、八、九、十层。枝桩上若枝条不足，或主枝上侧枝较少，蟠扎成五、六、八、九、十层。

枝桩上若枝条不足，或主枝上侧枝较少，蟠扎枝盘如果采取平枝式规则型的格调，则加工难度增大，成型周期也较长，在这种情况下，一般选取格律较灵活的平枝式花枝型枝盘，一次蟠扎就能成型，而不必等新枝长出来以后再扎。

### （五）自然类树桩盆景的制作身法

一般采用自然界中野生老桩进行加工。一般是对老桩进行剪接或雕琢，使其更能体现出自然美态。也可以用棕丝按规则类制作身法或不拘格式进行蟠扎，但要尽量减少人为加工的痕迹。

自然类树桩盆景在枝条的处理上，原则上是采用粗盘细剪的方法，可借鉴规则类中得出枝法，可加工成平枝式、半平枝式或垂枝式。要力求自然，忌枝丫相互交叉、眉目不清、杂乱无章、主次不分。还要注意枝干的阴阳面、叶的疏密浓淡、枝干的高矮长短，要使其错落有致、层次分明。

# 二、金弹子盆景的创作与养护

金弹子，别名乌柿，因花形如瓶，花香似兰，故又叫瓶兰花。柿科柿属常绿灌木，小乔木。其枝带刺，性硬，单叶互生，倒披针形或长椭圆形，花期3～4月，花白色，果为圆形、椭圆形、吊钟形、葫芦形，颜色由绿入秋逐渐变黄转红。品种有雌雄同株，雌雄异株。其干色乌黑，是川派树桩盆景的主要素材之一。

由于金弹子终年碧绿，色泽亮丽，花形独特，花香浓郁，干色苍古；老树基础奇形怪状，千姿百态，天韵无限；炭化部分犹如黑色舍利，幼树根部生长也会自行弯曲。而且，金弹子挂果性极强，果形有多样，色有三变，果期长达10个月，是观叶、观花、观果、观根、观干、观形，六观为一体的优良盆景素材，所以深受人们青睐。对它的赞美描述也比较多，诸如：谁抛金弹满枝头，柯似青铜根如石，回归自然情意浓；绿叶花香红果树，观赏闻香又尝鲜，等等。

金弹子，其桩怪异，其根苍古，适宜创作自然类树桩盆景和水旱盆景。而树桩盆景的树体，则是水旱盆景的主要素材。以下就金弹子树桩盆景的创作作一简要介绍。

### （一）处理金弹子桩坯

当获得素材后，观察其桩形特点，是适合制作临水式盆景造型、大树型盆景造型、还是悬崖式盆景造型等等，再进行取舍剪截。分清主题，确定主干、附干、主枝、附枝、要宾主兼顾，为日后盆景创作造型作好准备。

对一桩多干的桩坯进行剪截时，要按计划的造型形式，确定修剪的位置。应主干高而附干矮，高低参差，枝桠要有伸有缩，干与枝的留截要合理而自然。整个桩形要由下到上收尖到顶，悬崖式或临水式的桩形，则随主干走势在末梢结顶。要锯截过大的徒长根，便于桩坯孕育细根和上盆。剪截完毕后，将金弹子桩坯植入土内。

### （二）对金弹子初坯进行造型

在春季对蓄养繁茂的金弹子初坯，进行非雌株嫁接和干、枝、根的造型。新生枝扶摇直上，没有观赏效果，须采取剪截、蟠扎、弯曲、修整，来抑制生长，使其矮化、老化、曲折化，以增强创作艺术效果。

创作盆景时，作者应回想自然，搜尽奇树作草稿，对金弹子树桩立意构思，将盆景规律类造型技法与盆景自然类造型技法相结合，将创作者的客观行为和树桩的自然特点相结合，既不违背金弹子适宜创作自然类盆景的特点，又能充分发扬传统造型技艺的优点。

因为金弹子常绿，故在棕丝蟠扎手法上亦可粗犷。造型时整体布局和干的蟠扎高低程度，应与桩坯取舍剪截的理论相一致。

若金弹子盆景的主干或附干低矮，过渡太急，不能延续欣赏者的联想，可用川派的接弯掉拐造型身法增加盆景的高度；或有粗壮微曲而位置合适、向上生长的徒长枝，便在预计的地方短截来增加盆景的高度，并利用分枝进行顶部造型。过渡太急，锯痕太重，则需再次修整、勾划，让其干收放有序，蟠扎时间秋后为宜。

盆景枝盘的造型要层次有别，前后穿插上下重叠、错落有致、间距开合相济，不采用规律式造型的对称做法。整个盆景的冠幅应是观赏面比侧面大。蟠扎主枝，弯子应从始点至枝梢逐一缩小，此为传统造型技法，利于枝盘的铺展。过多的侧枝，只需顺势修剪、短截，留平行的侧芽，顶枝可在第2或第4芽处短截。枝盘平面应以观赏面为准，左右距离较长，形状忌规则，平视形状似天穹，要保持枝盘丰满，符合自然之理。

金弹子盆景的根部造型，可在移植时将土球露出土的表面培育，数年后逐渐露根，露根时不宜漏空，方能使根基稳固。根部残缺处可置石点缀。

### （三）金弹子盆景的养护

提高金弹子盆景的观赏效果，还要养护得当。其习性喜湿忌旱，喜温耐寒，喜肥耐荫，且耐修剪，有利于金弹子盆景的创作早日完成。

若需达到环境处优，要浇水保湿。春季花开之前浇水，使树液循环活跃，才能开好花，夏

季浇水，可减少树冠和泥土的水分蒸发。秋冬少浇水，让其稍干，可促进花芽分化。要合理施肥，氮、磷、钾比例要均衡，薄肥勤施，半月一次。并要及时剪掉病虫害枝和无利用价值的徒长枝、重叠枝、交叉枝。且在夏季对金弹子盆景要进行适当疏果。其后及时预防金弹子的虫害，对介壳虫、螨虫，采用硅硫磷按1：600的比例喷杀。

创作的金弹子盆景，如要达到集韵味自然、妙趣横生、根干苍古、叶绿果鲜于一身的艺术效果，至少要精心培育数年，再配以典雅古朴而且和立意环境相适宜的盆。盆的选择一般采用宜兴的深灰色、淡黄色、褐色的紫砂盆为佳，盆形上除悬崖式采用方形、圆形的深桶盆外，其它大树型、直立式、斜干式、卧式等多采用中深型的圆盆、椭圆盆、方盆和长方盆等。配盆完毕后，方可置于古式几架上。对于几架的选择，悬崖式一般采用高脚几架，其它造型风格的则选用盆口形状和几架平面相接近的几架。这样达到三位一体，再命名点景，才称得上一件完美的金弹子盆景艺术作品。

# 三、贴梗海棠盆景造型

贴梗海棠 *Chaenomeles speciosa*(Sweet) Nakai，蔷薇科木瓜属，落叶灌木，枝有刺，叶卵形或椭圆形，长3～8厘米，缘有尖锐锯齿，齿尖淡红色。花红色。花径2.5～5厘米。花开春初，花在叶前或与叶同放，梨果球形或卵形，两端凹入，黄绿色，径3～6厘米，有轻微芳香，果熟8～9月，主产四川及周边地区，分布广泛。

贴梗海棠喜光照充足、排水良好和疏松肥沃壤土，耐寒、耐贫瘠、耐干旱、耐修剪。贴梗海棠的繁殖主要方法有嫁接、扦插、播种、压条和分株等方法。

以川派传统习惯，对贴梗海棠造型方法主要针对2～3年生、干径2厘米以上或树高1.5米以上的植株，应用川派盆景规则式造型方法，对拐、挂弓拐、三弯九倒拐、掉拐和方拐等造型身法并辅以蟠扎、补盘、补枝等枝盘创作技法进行造型。成型的贴梗海棠盆景，虽刚劲有力，端庄稳重。其苍古姿态无不体现出了盆景创作者的功力深厚，亦不失为一种具有独特品味和可以继续发扬的盆景风格！但其姿态不能贴近自然。而以上创作程序，完成一件贴梗海棠盆景需要20～30年时间，故周期长、受环境影响大。

我们通过多年的时间总结出贴梗海棠盆景快速成型法，创作出具有独特风格的贴梗海棠盆景，姿态多变、野趣横生，有单株垂悬、双干斜卧、多干林立等，枝条有跌有翘，形如自然。其创作特点是：未取材而先造型、以扭折为主、修剪为辅；勾扎次之；蟠扎弯子是偶尔。此法在顾及盆景艺术效果的同时，大大缩短了盆景成型的周期，提高了成品速度和数量。

（1）高压繁殖取材法：一般在贴梗海棠花谢叶展之际，对经过繁殖压条而修枝剪裁过的树梢，根据树枝的分布及树干的大小，取势在心。并对嫩枝进行扭折，但不可断。此时扭折需用棕丝勾扎。扭折枝条时，需看好未来盆景的树势和虚与实，确定扭折起点到曲角处的长短。因此时为初坯造型加工，故对立意构思无须过多考虑。待扭折完毕后，确定未来盆景树的地径出土面的位置，进行环状剥皮压条，用软土包扎，孕育新根。

7月中旬，压条的贴梗海棠盆景桩坯，已长出了新根。将其新植株从树上取下，摘掉所有叶子，减少新植株离开母树后的水分蒸发；并适当短截一些扭过的，对盆景造型显得过长的枝条，以利于成活。取下压条时的包扎物，此时对盆景树坯的栽植取势就要正确定位了。考虑将来的用途，是搞水旱盆景组合，还是单株作秀，都要有正确的计划。栽植时忌弄坏压条时的土球，然后浇透水，长期保持土壤湿润，养护忌用肥水浇灌。

（2）折枝法：来年的3～4月，贴梗海棠新生的枝条，刚刚木质化，正好是扭折枝条的好时期。此时根据树势、枝的虚实程度，确定扭折方向。扭枝条的瞬间，顺势往定位方向一折，但不可断，即成。枝条扭转在 70°～90° 为好。扭折后的枝条弯曲在 20°～70° 之间，这个季节扭折枝条无须用棕丝勾扎。

（3）枝条蟠扎：11 月正是贴梗海棠盆景主要造型的季节，此时造型虽不再讲究蟠扎云片，但要略讲层次分明，对早已扭折定型的枝和附干及其他部位，依据川派盆景传统造型方法，结合岭南派大树型造型和风动式造型法等手法。审时度势进行剪整蟠扎，充分表现其造型风格，而贴梗海棠盆景的观赏效果就更加完美，成型的周期也可以缩短到 3～5 年。

通过以上步骤和方法创作的贴梗海棠，在其成型后便可根据其具体形态进行盆景创作，如换盆搞组合配石，制作水旱盆景；若单株作秀，需配以天然景石，丰富内容、增强审美情趣，再种植苔藓、小草，添置摆件。从而实现贴梗海棠盆景快速成型的创作目的，极大地提高创作效率。

# 四、罗汉松桩景快速成型技术

罗汉松 *Podocarpus macrophyuus* (Fhunb) D.Don，罗汉松科，罗汉松属，常绿乔木。树皮灰褐色，浅裂，呈薄鳞片脱落。枝短而横、斜密生。叶条为披针形，暗绿色，具有光泽。雌雄异株。雄花顶生或腋生。种子球形或卵形，着生在膨大的肉质花托上。花托桔黄色或淡黄色。因其种子的整体形态如一罗汉身披红色袈裟打坐参禅，故名罗汉松（四川俗称娃娃松）。罗汉松的分布较广，四川、贵州、长江中下游地区及广东、广西、福建、台湾和日本等地区和国家均有生长。现有栽植品种为大叶罗汉松、小叶罗汉松、雀舌罗汉松等多个品种。

罗汉松喜排水良好而湿润疏松的沙质壤土。适应半荫的环境。由于它抗风力强，所以海岸边缘地区也能栽培。罗汉松抗病虫害、抗多种有害气体的能力较强，且耐修剪、萌发力强。罗汉松的繁殖可采用种子、扦插、压条等方式进行。

罗汉松叶色常绿，终年不凋，叶片小而浓密，枝条短，主干显苍劲，寿命长，耐修剪，故是盆景制作的上佳材料之一。

由于罗汉松长势较慢，桩景成型的速度也就缓慢。因此，好的罗汉松树桩盆景的价格一直居高不下，且还不易买到。为了制作出更多、更好的罗汉松桩景，满足市场的需求，我们对一些主干较好，但造型较差，缺枝少盘的树桩引进改造。另外，还对高大粗壮的大树引进改造，使之成为形态优美、枝盘丰满、漂亮的树桩盆景。现将罗汉松桩景快速成型中的一些技术要点简介如下：

（一）亮脚缺枝弥补法

有的罗汉松桩景不论是身法还是枝盘都有很高的观赏价值，但因病虫害、机械损伤或其他原因，造成桩景的下部枝盘损失；或一株罗汉松主干造型不错，上部枝盘也有分枝可制作，但主干的下部无分枝，给桩景的整体造型带来一定的难度。而此种情况下又不宜重新培育下部的侧枝，因为，一是桩景成型的周期会延长，二是易造成桩景上下枝盘的比例失调，使整个桩景的形象受到损坏。为解决由此带来的问题，我们常采用小树靠接的方法。实验证明靠接后的桩景整体观赏效果很好。具体方法是：选择植株健康、枝叶繁茂、主干粗度合适的小树，盆栽或移栽至需要弥补枝干的大树旁。川西地区在3～4月份引进靠接（气温在15～22℃）效果最佳。靠接成活后，大树小树都引进正常的管理，并根据小树枝条的长势和伤口愈合的情况，分两次对其靠接部位以下枝干进行切除，待靠接的枝条完全成活后，再根据需要引进修剪或蟠扎造型。用此种方法可以将幼树嫁接在罗汉松树桩树身的任何一处不够完善的部位，甚至树的顶端（俗称天棚）。从而使整个桩景显得更加完美，极大的提高其观赏价值。

（二）根部弥补法

有些罗汉松因为积水、病虫害或其他原因，导致其根部受损，甚至是腐烂，影响了植株的生长，如抢救不及时，会致使植株死亡。遇此情况，抢救和弥补的方法是：在三、四月份，选择生长健壮、根系发达的幼树，并将其移栽在大树的旁边，将小树的树身中下部靠接在大树的基部。只要在具体操作的过程中使形成层的相互结合良好，并用圆钉、薄膜将靠接部位封好，则成活率可达95%以上。待嫁接成活后，将幼树的靠接部位以上枝条剪除，以靠接的幼树的根代替大树原有的腐烂根。如树桩规格较大或根部受损严重，可同时选用几株幼树在不同方向进行嫁接，以彻底更换损害的树根，用此方法，还可以对罗汉松的根部进行引进造型，使引进后的桩景达到悬根露爪的效果。

（三）树身分段造型法

有些已成大树的罗汉松（胸径30厘米以上），但因人、畜的踏践或其他原因，造成枝条损坏，树冠枯萎，根部糜烂，长势极其糟糕，留之无用，弃之可惜。遇此种情况，可采用分段造型法变废为宝。其具体方法是：根据树身主干的形态，分别将其锯成若干段。将锯下的树身用三根木棍成三角形支撑并固定于土中，然后用根部弥补法为树段下部嫁接上根，再用缺枝弥补法在树身合适的位置嫁接上枝。待嫁接的根和枝都成活后，再用修剪蟠扎的方法引进造型，则不到两年，一株造型优美、生长健壮的罗汉松桩景即告改造成功。改造后的植株无论是在艺术观赏价值上还是在经济价值上都将是原树的几倍乃至数十倍。

# 五、梅花盆景的制作

梅花是我国传统的盆景素材和四川主要盆景素材之一，属蔷薇科李属落叶小乔木，株高3～9米，树干灰褐或紫褐色，新枝多为绿色或暗红色。单叶互生，具短柄，叶片广卵形或卵形，顶端尖，叶长4～8厘米，边缘有细而锐的锯齿，两面均生有柔毛。花期为 1～3月，一般先花后叶，花1～2朵着生于枝条的叶腋间，具短梗，花色有白、淡绿、粉、红、紫红等色，有些品种花瓣上还有彩色斑块或条纹，每朵花具雄蕊多枚，其长度与花瓣相等或稍短，花朵具芳香。常见品种有：宫粉、宫春、绿萼、朱砂、水朱砂、紫地白、杏梅等。

川派盆景老艺人按照传统的规则式及自然式造型手法，针对梅花盆景桩景造型规则式，总结出掉拐、挂弓拐、大弯垂枝、三弯九倒拐、自然式、悬崖式、临水式等传统造型身法。

“梅以韵胜，以格高，故以横斜瘦疏与老枝怪奇者为贵”，传统的梅花盆景以树干苍老古朴，枝条稀疏，植株清秀为美，因此在造型时要做到树干倾斜而弯曲，枝条也不要太密，还要结合梅花的树形特征，适度加工修剪，并且可以在枝干上以敲打、斧砍、刀砍的方法做些疤痕，以增加野趣。而欣赏梅花盆景多以老干偃盖、苔藓附枝、盘根错节、横斜疏瘦、古朴典雅、疏花点缀为佳品。

梅花盆景的造型多在春秋两季进行，方法以修剪为主，蟠扎为辅。对梅干的造型，要求苍劲古雅，变化多姿，曲干式梅花盆景更要弯曲自然，对于较粗的主干不宜弯曲，可用利刃在主干内侧横切两三处，达木质部的1/3～1/2，用塑料布包好伤口，再弯曲主干。主干的造型是制作梅花的重要内容，还可以运用斜、卧、悬、附干等方式制作。

笔者在多年的实践中，汲取其他兄弟盆景流派的造型手法和艺术特色，应用到川派梅花盆景创作当中总结出以下经验：

（1）接弯掉拐与风动式折枝法结合：此法是在川派盆景传统造型法之一 —— 接弯掉拐法的基础上，融合风动式折枝创作法（如图示），从而突出梅花盆景临霜傲雪、飘逸俊秀之韵味。

接弯掉拐与风动式折枝法结合

（2）折枝法结合倒挂枝技法的运用：即在生长期4～5月份，根据造型的需要对枝条进行定位扭折，使其更接近自然，且缩短了盆景成型的周期。在秋季进行裁剪，修剪时可将直而无姿的枝条剪去，保留形态优美、曲折有致的枝条，对于幼树或需要保留的直枝可适当采用

折枝法结合倒挂枝技法

三弯九倒拐变形结合蟹形枝技法

蟠扎的方法，使其弯曲，以达到“疏影横斜，古雅清奇”的艺术效果，从而使其成为另外一种造型风格。

(3) 三弯九倒拐变形结合蟹形枝技法：主干在同一平面上如对掉拐法成九个小拐，在立面上拆扎成三个大弯，要求达到从主干正面看是三个大弯，侧面看则为九个小弯，即在三弯九倒拐川派传统技法基础上，各细部枝条结合传统国画中树形画法之一——蟹形枝技法，对梅花桩头进行创作造型，而达到“以曲为美，直则无姿；以欹为美，正则无景；以疏为美，密则无态”的意境。

# 六、银杏盆景的制作与养护管理

银杏，落叶乔木，银杏科银杏属，是种子植物中最古老的孑遗植物。树干高大，叶扇形，先端常2裂；雌雄异株，雄球花柔荑花序状，雌球花耕常二叉分，叉端各生一胚珠，通常只一个胚珠发育成种子。

银杏老根、古干常有隆肿突起，如钟似乳，称“银杏笋”，可作精美桩景。银杏树形雄伟，姿态优美，叶形独特，秋后金黄，常做庭荫树、行道树或孤植树，亦常作树桩盆景。木材质优、种子可食，又可入药，叶片药用。可用播种、扦插或嫁接繁殖。银杏为我国一级保护植物，常有“活化石”之美誉。

## (一) 银杏盆景的制作

银杏是四川盆景制作中主要的几个优良树种之一，川派盆景常用幼树树桩以及银杏笋倒栽法进行造型。因银杏属于绿叶树种，其干色泛黄，纹理曲折深裂，颇具沧桑感，所以欣赏枝干比较重要。在造型手法上多采用规则式造型，对特殊桩形宜采用自然式造型。

银杏盆景造型，9月底采集种子，将种子进行外皮处理，然后洗净凉干，用河沙储藏，放置阴凉处，避免潮湿，来年春天进行播种。待树苗长到20厘米高时，可将它进行移栽，移栽的最佳月份在2～3月，这期间要进行正常的施肥、浇水和管理，移栽后两年挑选枝条长势好的树苗进行造型，如选的枝条不佳，则树苗的成型期将延长。

银杏盆景主要方法是按传统八种主要造型及身法，以及枝盘的三类五种枝形，因素造型。或者是无定式，完全按画意行事。

银杏盆景的八种表现形式：

(1)掉拐：一弯大，二弯小，三弯四弯看不到，或“一弯二拐三出四回五镇顶”，即将斜栽树干作反向压倒，造成第一弯，然后将主干横拐，出现第二弯，再将主干向上翻成第三弯；接着将主干回弯，造成第四拐，最后随弯作顶盘，使顶与蔸在一垂直线上。此法多用粗大坯料，锯其上干，按掉拐法造型，并将倾斜粗干当作半弯。按此法造型，时间短，见效快，5～7年即可成型，也颇有古雅意味。

(2)三掉拐：即三弯九倒拐。桩头主干在同一立面上蟠成九拐，再将九拐之主干向垂直立面蟠成三大弯。用此法构图，随视觉而变，步移景换，变化多致。唯技术要求高、难度大。

(3)滚龙抱柱：又称螺旋弯法。其形若游龙绕柱，蟠绕而上。唯下大上小，自然稳健。

(4)大弯垂枝：桩头主干成一大弯，于内弯顶用嫁接法，倒接一下垂大枝，枝梢超过盆底，在垂枝上再作三、五个枝盘，外弯及顶部作适当点缀，犹如悬崖绝壁，垂枝倒挂，给人临危立险的感染。

(5)对拐：桩头主干在同一立面来回弯曲，下部弯大，上部渐小。正看现弯拐，侧看若顿挫之直干，略显呆板。对拐多用于建筑之前，大门两侧，作为向自然园林之过渡；或用以点缀花台，恰到好处。

(6)方拐：略似对拐，惟对拐为弧形弯，方拐为方形弯，二者均在同一立面弯曲，此法现一般不为所用。

(7)直身加冕：此法用于桩头主干不能或不宜蟠曲，而侧枝颇美的粗大坯料，只需在顶部作带一至二层枝盘的弯曲主干，如戴桂冠，侧枝仍作平盘，此法造型易，见效快，惟坯料难选。

(8)老妇梳妆：植物坯料若为姿态奇古的树蔸，待新梢长出后，选留一至三枝作干，并加盘扎，意如老妇梳妆打扮。若留二干，称双出头；若留三干，称三出头。待新梢长老后，其态格外古雅。

对具有特殊桩型的银杏进行造型，可将现代手法和传统手法相结合。如悬崖式、斜干式、临水式、卧干式、曲干式等。在高度不够的情况下可采用接弯掉拐法来增加高度。而这几种形式的自身桩型不变，这样既继承了传统手法又有了新的表现形式。

银杏盆景，因很注重表现干的特点，所以不管是规律式造型还是自然式造型，枝盘都采用云片状造型为最佳。成型后的银杏盆景都有翠云片片的感觉。

### （二）银杏盆景的养护管理

(1)浇水：平时宜保持土壤湿润，但也不能积水。

(2)施肥：每年冬季要施基肥，须用有机肥，如腐熟豆饼或厩肥。春夏间生长旺盛期，宜常施稀薄的饼肥水或沤熟的人粪尿，以促进枝叶的生长，保持鲜绿的叶色。

银杏生长慢，寿命长，抗污染及有毒气体的能力强，很少发生病虫害。但要注意老桩景土壤不能过湿，否则易发生根腐病。

银杏树一年四季均可移植，以春季萌芽前和秋季落叶后为最佳，夏季亦可移植，但须管理得当。开春后萌芽前栽种，根系伤口容易愈合，新根发生早，树体生长旺盛，利于快长。

(3)促花促果：为促进花芽形成，对定植3年以上树的旺盛枝干，于5月下旬、6月下旬、7月下旬进行3次环剥，环剥宽度为枝干粗的十分之一。5月中旬新梢生长以15厘米左右时，进行连续摘心也是成花的一个有效措施。银杏每年5月中旬至6月上旬分别有2次生理落果。于花期喷0.3%的硼砂加0.2%的磷酸二氢钾，这样能有效地控制落花落果。

# 七、砂积石山水盆景的制作

砂积石山石的色彩主要有淡黄色和青色两种。主要分布在四川成都及周边地区，其纹理多变，形态各异。有条形的、片状的、成块的，大小不等。

制作砂积石山水盆景一般根据山石的具体形状来构思盆景的意图。选择山石要注意纹理一直，颜色统一。大小、宽窄、高低、长短要适宜，先选好主峰，然后根据主峰的色彩和皱纹选择副峰。配峰以及衬石和点石，石料选好后，再确定水盆的大小。

选好的山石要经过充分洗刷，使其把最完美的部分完全展现出来。在自来水冲洗过程中，用竹制的刷子洗刷山石，一边洗一边刷，直到把夹在石缝中的沙子彻底洗刷干净为止。洗刷下来的沙子要保存起来，备作以后胶合过程中掩盖水泥痕迹用。

依照构思意图以及盆子的形状和大小，把洗净的山石逐个划线，用切割机进行切割。切下来的山石必须底面平整，能直放且重心要稳。因砂积石不但较硬而且较脆，故在切割时用力要轻，速度要慢，以免损坏山石。

切割下来的石头如某些地方不尽人意，可进行人工雕琢，因其石料又脆又硬，故一定不要操之过急，急于求成。用钻子慢慢地钻或用钢丝钳一点一点地夹掉，直到达到理想的效果为止。

把处理好的山石按意图分布，注意山体和盆子、主山与副山以及配峰、衬石、点石的比例。努力达到“横看成岭侧成峰”的效果。布局好后反复推敲，确认满意后方可进行胶合。

胶合时，盆底和山体要用报纸隔开。水泥与沙的比例以 3：1 为宜，用小条铲把水泥浆填塞在需要胶合的山石之间，并注意不要弄脏山石。

如果制作大型砂积石山水盆景，有时需要粘接主峰或悬挂山石，且要粘接或悬挂的山石又较重，不容易固定。就要想办法在粘接部位的上空架设一根规定梁，把麻绳一头拴在固定梁上，另一头拴在山石上，使其刚好垂直到达到需要位置。然后再用铁丝、木棍将其固定，方可胶合，胶合完后，用小尖铲刮掉露在外面的水泥，及时洒上洗刷山石时保存下来的沙子，掩盖水泥痕迹，最后清除洒在石山上的水泥。

每天洒 2～3 次水保养，4～5 天后把石山取出来，放在平坦位置，用自来水彻底将沙子冲洗干净，配上植物，安上摆件即可。配植物和放摆件一般遵照“丈山、尺树、寸马、分人”的概念，这样可使作品的比例较恰当，给观者一个和谐的感觉。最后铺上青苔即可。

# 八、斧劈石山水盆景的制作

斧劈石其形态扁而长，断痕刀切斧劈一般，色彩主要有青灰、黑灰和黑色等，其中青灰和黑色居多，用他制作的盆景刚劲有力、雄伟俊俏、气势磅礴，是历来盆景制作者的首选材料之一。

制作斧劈石山水盆景时需要的工具主要有：手提切割机、小型砂轮机、尖钻、扁钻、榔头、铁锤以及胶合用的条铲、尖铲等。

斧劈石山水盆景的制作，一般分为“因意选石”和“因石立意”两种，前者是作者的感情受到外界某种事物的激发和启发而产生创作的动机和欲望，而后者是先有石料。作者根据石料的大小、形态、纹理、质地等，立意构图进行创作。斧劈石山水盆景源于自然而高于自然，它是立体的画，无声的诗，立意非常重要，中心要有一个明显的主题或表现对象，力求达到移天缩地，小中见大的效果。

根据立意构思，选择适合的山石材料，在选材工程中，要注意色彩一致，纹理统一以及山石的大小与厚薄的选择，其制作过程主要有以下几点：

用榔头和锯子将选择的石料劈成需要的厚度，再把劈好的石料用铁锤进行敲打，斧劈石最适合敲打造型，一般经过敲打后的石料都能达到你需要的初步效果，然后根据你的构思意图进行雕琢加工，在加工时，可先用切割机切出大体轮廓，然后用尖钻子和砂轮机进行细部雕琢，使每个山石都能在你的意图中达到最理想的效果。

把加工好的山石进行仔细观察，获得你构景要求的精华部位，划线锯切。锯切时速度要慢，动作要稳，用力要轻，以防止山石破裂，锯切下来的小块要保存好，以备作衬石和点石用。

接下来根据意图，把锯切好的山石进行布局，这一过程很重要，它能直接影响盆景的制作效果。在布局过程中，要注意山体与盆钵的比例，努力做到山有脉，水有源，宾主分明，高低错落，有露有藏，前后有序，连绵起伏并顾盼左右，做到山体均衡统一。

按意图山石经锯切、敲打、雕琢后，往往还不够体形完美，故需要胶合，胶合前必须把布局的山石清洗干净，在盆钵底部垫上报纸，然后最理想的布局将山石排列好，记下位置，依次胶合，为了避免水泥痕迹，可在水泥中掺合与山石颜色相近似的色料。在操作过程中，如水泥溅落到山石的其他部位，要及时清洗干净。

胶合完后，注意每天洒2～3次水，保养4～5天，去掉报纸，剖净残留水泥，方可配置布苔。要注意植物与山体的比例，三三两两，切忌均匀栽植。配置完后，布上苔藓，即可观赏。

# 九、盆景作品的命名点景

盆景是一门高等艺术，堪称百花园中之瑰宝。它和多种艺术有着不可分割的裙带关系，而和诗画就更密切了。所以被人们誉为立体的画、无声的诗。

制作盆景需要立意、构思、造型、布局，更需要命名点景。一盆优秀作品，若赋予“内足以震已，外足以感人”的命名点景效果，则可以引发欣赏者很快进入意境，情思飞越于景外，思绪万千，从而得到“诗入景中，意在盆外，景中寓诗，诗中有画，画外有诗，诗外有景”的艺术渲染及欣赏效果。

盆景的命名点景应该是作者“以景寓情，感物吟志”的艺术表现，常采用的形式有：

（1）用古诗词名句来命题点景：用唐代诗仙李白《送孟浩然之广陵》诗中“孤帆远影”作为点景的命名，所用的名句与盆景画面相吻合。小船一点，景诗贴切，使人看其名，观其景，遐其意。富有形象性，发人深思，让观赏者“顿开尘外想，据入画中行。”又如杨永木创作的“蜀道难”点景命名切题，高耸入云的群峰给人以“猿猴欲度愁攀援”之感觉，使人触景生情，望而生畏。突出地表现了山从人面起，云傍马头生。从而联想到“蜀道难，难于上青天”的意境。

（2）用名胜古迹命名点景：如张远信创作的“象池映月”、“漓江晓趣”命名点景，游览过峨嵋漓江的人，对峨嵋的山月，阳朔的晓风，这景外之景、意外之意的遐思和向往。

（3）用成语、谚语、格言、歌词来命名点景：如“几度夕阳红”、“老树千秋”、“大鹏展翅”、“有志不在年高”、“风在吼”等，也能发人遐想，拓宽盆景的意境，使欣赏者情趣倍增。

（4）用盆景的主景的实体来命名点景：古松、金弹子、石林、梅竹园等，这种点景命名，可以使人一目了然，含义清楚。

（5）用拟人化的言语命名点景：如“坚贞不屈”、“生死与共”、“欲与天公试比高”、“志在四方”等，这种方法命名点景，有时能收到意想不到的效果。如1990年首届成都盆景大赛谢惠康的一盆六月雪盆景作品，四方出枝，生机勃勃，用“志在四方”来命名点景，作品不算上等佳作，可是命名恰到好处。加之评委中有上山下乡知青，他们在乡村城市都是楷模，一语道出了他们的心声，使大家产生了无穷的联想和共鸣，此作品获大奖。

（6）作者的灵感：用作者深思熟虑，再三推敲和智慧横溢的艺术语言命名点景。如在1992年海峡两岸盆景名花学术研讨会展出的一件作品“游龙跃金”金弹子盆景。好似游龙，树上挂了数颗光彩夺目的金弹子。通过题名点景，却能诱人联想到改革开放的今天，神州大地，这难道不正像跃金的游龙在世界的经济大浪潮中遨游吗？不是闪着举世瞩目的金光吗？

综上所述，说明盆景的命名点景是作者强化主题的一种手法，是作者把盆景的景观“诗化、人化”，增强景观的思想性和艺术的特殊手段，盆景作者的文学修养越高，掌握的名诗句越多，又能实地考察，真正深入生活，创作的作品成功率也就越大。渲染力也就越强。

俗话说：“行万里路，读万卷书。”做到信手拈来，不论作者采用哪种方法命名点景，都必须突出作品主题与盆景的景观画面相符合。简洁、含蓄、准确、贴切的盆景命名点景，实际是为欣赏者欣赏盆景引路作导游。所以，优美、准确的命名点景才能引人入胜。只有众多的欣赏者都称赞的命名点景盆景，才算得上是一件成功的作品。

# 第四篇　工程集萃

三邑园艺绿化工程有限责任公司是一家具有国家城市园林绿化二级资质，企业是中国盆景艺术家协会常务理事单位。下设工程管理部、苗圃基地管理部、财务部、园林工程部、盆景制作部、园林设计室，拥有苗木生产基地200多亩，总产值2000多万元。现有员工百余人，其中高级工程师4人，高级经济师2人，工程师7人，高级技师2人，中级技师18人，项目经理9人；有两个盆景制作组、一个古建施工队、三个绿化施工队、两个养护管理队。

公司先后荣获"温江区重点龙头企业"、"温江区先进龙头企业"、"成都市党员科技示范户"、"四川省重点花卉生产企业"等称号，并连续五年被评为"成都市农村农产品营销大户"。公司自2000年成立至今，已承担了数十个工程项目，完成了数十万平方米的绿化工程。



## 一、成都光华大道绿化施工工程

本工程位于成都光华大道温江段，而成都光华大道是"中国第六届花卉博览会"主展场成都到温江的景观大道工程。主要施工内容包括两条3.5米宽隔离带和一条5.5米宽隔离带绿化树种栽植、养护。

本工程总面积为9833平方米，主要应用：香樟、红花檵木、丁香、黄杨、杜鹃、时令鲜花、马蹄金等进行景观绿化施工造型。

# 二、第六届中国花卉博览会在建工程简介

第六届中国花卉博览会景观工程，位于成都市温江区新城区。由三邑园艺绿化工程有限责任公司负责承担施工的部分工程有：四川室外展场——天府之国景观区和成都室外展场——花舞成都景观区。其中天府之国景观区占地41亩，花舞成都景观区占地43亩。各室外展场设计秉承古朴、厚真、奇特、雅致的理念，注重体现“花重锦官城”的独特的人文、景观意境及丰富的植物支援。

园内重要景点包含各地名花灯箱、盆景奇石园、流杯池、子云亭、汉阙门、阆苑、花径花溪、暗香亭、芙蓉廊、沁芳桥、万春门等主要景观。建筑尽可能古色古香体现特色，贴近生活，地形水系处理依水随势，就山造景，曲折多变亲和自然。绿化培植充分利用乡土树种，内容丰富层次多变，需由人作婉若天成，以得到曾为“梅花醉似泥”的感受。



第六届中国花卉博览会
天府之国景观区鸟瞰图

第六届中国花卉博览会
花舞成都景观区鸟瞰图

# 第六届中国花卉博览会
# 天府之国景观区和花舞成都景观区平面图

环 北 路

芙蓉廊

花溪

暗香亭

沁芳桥

散花楼

花舞成都景观区

暗香亭

芙蓉廊

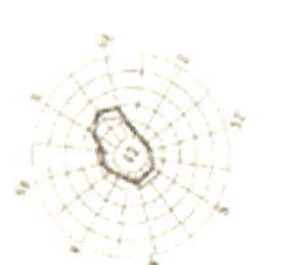

0 10 20 30 40 m

川西小筑

盆景奇石园

阆 苑

川西小筑
转经小亭
石牌楼
各地州市名花灯箱
流杯池
盆景奇石园
子云亭
杩槎石笼
汉阙门
阆苑
新 二 环

天府之国景观区

# 三、石家庄市植物园盆景艺术馆工程

锈石叠水

本工程位于石家庄市植物园，工程规模为26680平方米，该景观工程分为室内盆景展示厅和室外景观。

室外景观则通过我国传统的造园手法，是以水系与绿化为主题的园林，合理地组织水系流向，水流量大小，形成贯穿整个景区的迂回曲折的水系。其他景观随着水系的曲折而展开，相辅相承。结合盆景艺术馆的实际情况，采用大规格的精品古桩与水景和地形结合，注重细腻的景观刻画，为配合景观

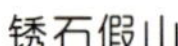
锈石假山

室外景观之一

景　墙

正门入口景观

室外景观之二

天工人可代

设计，各园林道路系统结合地形的曲折，高低均有变化，从而达到多方位、多角度的景观变化，实现 “步移景异”的感觉。

其中室内盆景展示厅分为扬派、苏派、川派、海派、岭南派、徽派等全国各大盆景流派专类展示厅，各大盆景流派专类展示厅功能除展示流派精品盆景外，还着重介绍相关流派的艺术手法和特点及其发展历史，充分展现我国博大精深的盆景艺术。

# 四、石家庄市植物园山石瀑布工程

## ——“海棠飞瀑”景观工程





本工程位于石家庄市植物园园区内，西临秋岚浮色景区，南毗波澄湖景区，东接科普教育区，与园区一级园林主干道直接相通，为植物园园区内景观制高点，具备良好的环境条件，且又具有相对的独立性，能够使其充分表现其景观特色的地段。因此，我们将它既作为一个完整的个体来设计，又使它与周边环境保持自然而和谐的关系，并因地制宜的采取合理的景观设计方案，突出个性，最大程度的展现自然景观效果，使之成为植物园区最精彩的组成部分之一。本工程名为“海棠飞瀑”，顾名思义，即以景区内规划的主要园林绿化树种——海棠（包含贴梗海棠、垂丝海棠、西府海棠、杜鹃海棠等

一级瀑布

二级瀑布

大瀑布全景

众多蔷薇科木瓜属植物）为景观设计的命名依据，配合与海棠相关的园林硬质景观（如海棠涧、海棠飞瀑、海棠溪等），营造优美旖旎的景观环境，展现丰富的人文底蕴。

海棠飞瀑景区的总面积约 35000 平方米，其中最大的景观工程为山石瀑布工程，其落水高度为 7.8 米，其下还另外有 8 级叠水，总落差为 14 米，为整个植物园最高地势和规模最大的水景工程，理所当然成为波澄湖湖区的核心。山石瀑布工程项目中还包含位于瀑布东侧的观瀑亭、栈道和临水平台。其中山石瀑布主要采用自然山石，并结合部分人工塑石按照相关园林造景工艺建造。山体落水潭旁设立山洞，游人可通过山洞穿越水面，以极其近距感受瀑布轰鸣、水花飞溅的动魄刺激场景。观瀑亭（现代亭）设立于瀑布约 1/3 高度处，近水而建，置于崖石之上，观瀑于水际，聆声于其中，达到“楷磨一玉镜，上下雨青天”的诗境画意。而山石栈道则起到连通水际与山顶的纽带作用，突出地势险峻，山体雄浑的特色，从而使游览步步渐进，高潮迭起。最终于山颠俯瞰波澄湖全景，感慨造化人为。

本景观根据实际情况和建设单位要求，具体分为山石瀑布工程、叠水工程、驳岸工程、土山点石及其与之配套的园林小品（如

观瀑亭、半山亭、临水平台等）工程、园林绿化工程等工程项目。从该设计方案的景观上讲，海棠飞瀑自身有一个传统与现代结合的，完整的园林和建筑的空间。从外观上看它则给人感觉是绿树丛中的一些建筑的片断，而在景区内各景点则在设计上采用中国传统造园手法，使各部位间的过渡得以自然而然地实现。在整个景区内以山石瀑布和溪涧水系为设计主线，沿着该游览路线，地形高差起伏与层次丰富植物掩映，将以海棠、水景为主题的景观充分展现给游人，使游人切身感受到山之峻雄、谷之清幽、水之奔放、花之烂漫的山林野趣……总而言之，从海棠飞涧景区内外都不是直接而又一览无余的，而是经过已人为本的视觉上的引导、渐变和空间气氛的转换。同时，通过曲折迂回的游览路线的组织、变化，使得这种转换既自然而然又富有情趣变化。从交通组织上讲，海棠飞瀑外部几乎完全利用了植物园园区与之毗邻的园林道路（园区内已建一级道路就是

环绕山石瀑布景区），是直接进入景区的通道和供应通道。内部则组织规划了众多支路，使得游人能多角度、多方位的游览景区。

海棠飞瀑景区是以水系与绿化为主题的园林，设计中按照自然水体的冲积形成原理，合理地组织水系流向，水流量大小，形成贯穿整个景区的迂回曲折的水系。因此，成为整个景区的最为活跃，亦是最有灵性的主体。其他景观随着水系的曲折而展开，相辅相承。

海棠飞瀑景区中为造景需要而设立的“水源”，位于山石瀑布落水口，该位置是景区制高点，水沿山涧叠下，蜿蜒曲折从东西两个方向汇入波澄湖，形成“山高水远，百川入海”的气势。而在其间设立临水栈道和涉水汀步，游人可沿溪而上或涉水而渡，亲身体会北方少有的山林野趣。

海棠飞瀑景区面积较大，且景点丰富，为方便游人的游览和景观设计中组织人流交通，将景区内主要道路系统设计为环状，游客无论从哪个入口进入景区，沿道路游览一周，就可到达景区所有景点。为配合景观设计，各园林道路系统随地形的曲折，高低均有变化，这样就可以是游客在游览过程中，随着道路的起伏、转折，视线不断变化，景色也随之变化，让游客在行进过程中得到“步移景异”的感觉。

海棠飞瀑景区的绿化种植设计，按照中国园林的传统习惯，注重与园内意境的配合。前面已提到以海棠为主题的布局依据，沿路临水采用大量的海棠类植物，背景植物主要采用高大的苗木群植，如银杏、栾树、槐树等，其间混植小乔木和灌木如红叶李、桃花、石榴、紫薇等，小灌木则成片栽植如红叶小檗、金叶女贞、小叶女贞等、其下则片植鸢尾、大麦冬、大花萱草等......层次分明，色彩丰富多变。而在毗邻秋色浮岚景区则采用秋季观叶植物如银杏、栾树、红叶李等作为色彩过渡，从而达到既与周边环境相协调，又保持自身景观效果独立性。

在山石瀑布处主要采用大规格迎风探水的云杉和油松孤植或群植，山上则点缀悬崖式松科类植物；在水流平缓处种植荷花、睡莲和水葱；临水处栽植垂柳，其中间植桃花或垂丝海棠，达到“柳占三春色，荷香四座风”的意境。

由于植物种类受到的气候影响较大，因此植物的选择和配置必须考虑其生长习性和要求，因地制宜，合理选择，达到景观要求。

# 五、成都温江区杨柳河西岸绿化景观工程

本工程位于成都温江区杨柳河西岸，施工面积为29000平方米。

主要施工内容包括：园林绿化、休闲广场、园林景观道路、廊架、停车场等。

园林绿化施工主要树种：刺桐、黄葛树、天竺桂、广玉兰、雪松、银杏、桂花、楠木、蜡梅、红花檵木、丁香、海棠等进行景观绿化施工。

本工程的休闲广场分：

桂花广场和黄葛树广场 2 个，面积约 100 平方米。

活动广场有 1 个，面积约 300 平方米。

廊架 2 座，停车场 3 个。

# 后 记





邑园，于2002年建成，此园是一座川派盆景精品园，集中展示了公司创作的获奖作品和各流派的精品盆景，为全省少见的盆景专类展示园。为了迎接全国第六届花卉博览会的召开，目前邑园正在新建温江区盆景艺术展览交易中心，建成后的邑园分：主展厅、精品盆景馆、名人名作馆、流派展示厅、书画馆、茶室及配套设施等。

为总结邑园建园以来的盆景制作水平、园林绿化施工经验、花木栽培管理技术，特别是40多年来我们在盆景制作方面的一些经验和体会，特编著出版了这本《邑园盆景艺术》。在编著本书的过程中，得到了盆景界诸多同仁的大力支持，特别是要感谢我的挚友、中国盆景艺术家协会副秘书长吴敏先生为本书的出版所给予的支持和鼓励；还要感谢中国盆景艺术大师田一卫先生。中国林业出版社更为出版本书精心编辑，在此一并表示衷心感谢。

由于本书编著出版时间紧，因此邑园新建的部分展馆没能在书中展现，甚感遗憾，待再版时补充。书中如有疏漏，错误之处，敬请读者批评指正。

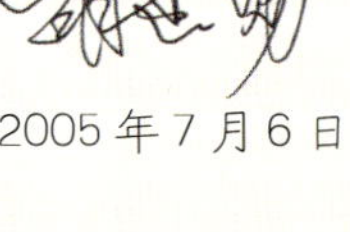

2005年7月6日